从小爱科学——生物真奇妙（全9册）

# 亲密的五兄妹

[韩] 崔溪善　著

[韩] 李惠永　绘

千太阳　译

石油工业出版社

在和平的村庄里生活着五个亲密无间的好兄妹。

他们分别是触觉敏感的触触；

眼睛炯炯有神的视视；

鼻子灵敏的嗅嗅；

听力特别好的听听；

还有擅长辨别味道的味味。

无论什么时候，他们五兄妹都形影不离。

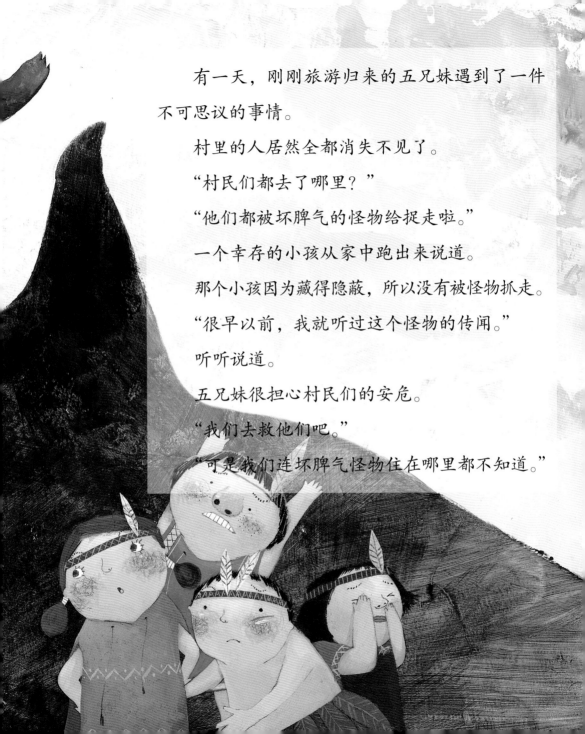

有一天，刚刚旅游归来的五兄妹遇到了一件不可思议的事情。

村里的人居然全都消失不见了。

"村民们都去了哪里？"

"他们都被坏脾气的怪物给捉走啦。"

一个幸存的小孩从家中跑出来说道。

那个小孩因为藏得隐蔽，所以没有被怪物抓走。

"很早以前，我就听过这个怪物的传闻。"

听听说道。

五兄妹很担心村民们的安危。

"我们去救他们吧。"

"可是我们连坏脾气怪物住在哪里都不知道。"

角膜　玻璃体　视网膜

晶状体　视神经　大脑

我们可以用眼睛看到事物，这种感觉叫作"视觉"。

物体反射的光通过角膜，在凸透镜状的晶状体上折射，然后经过透明胶状的玻璃体，在视网膜上形成物体的倒立影像。这个影像通过视神经传递到大脑，我们就可以知道自己看到的是什么东西。

五兄妹决定去寻找怪物的住处。

视力最好的视视自告奋勇走在最前面。

视视仔细地观察地面。

"这好像是坏脾气怪物的脚印。它一直延伸到那边。"

其他人都向视视所指的方向望去。

"只要跟着这个脚印走，我们一定能找到坏脾气怪物的住处。"

于是，他们就跟着脚印一直往前走。

走了一段距离后，视视突然停下了脚步。

"咦？脚印怎么消失了？而且，还出现了岔路。"

"我们接下来该怎么走呢？"

五兄妹不知如何是好。

视视睁大了眼睛仔细地观察周围的情形，
但怎么也找不到坏脾气怪物的脚印。

"哼哧哼哧，呃！一股腐烂的气味。"

这时，嗅觉灵敏的嗅嗅皱着眉头说：

"我闻到了一股恶臭！"

其他人也渐渐闻到了臭味。

"好像是怪物放屁的气味。"

听听用手捏着鼻子说。

"既然如此，我们就跟着臭味走吧。大家都过来，应该是这个方向。"

嗅嗅仔细地闻着气味，走在大家的前面。

鼻子的作用是呼吸和闻气味。我们称闻气味的感觉为"嗅觉"。我们平常闻到的气味由飘浮在空气中的微粒组成。这些微粒非常小，小得无法用肉眼看到。这些微粒在进入鼻腔后会刺激嗅神经，而嗅神经则会将这个信号传达到大脑，于是我们就知道自己闻到了什么气味。

大脑
嗅神经
气味微粒

这个臭味确实是坏脾气怪物放的屁。

由于家中没有吃的，所以坏脾气怪物只能吃腐烂的食物，喝发臭的水。

在抓住村民回去的途中，它放了一个臭屁。

于是，臭屁的气味就顺着空气飘到了五兄妹所在的地方。

　　五兄妹跟着臭味一直走，最终来到了
一条大河边上。

　　"气味突然消失了。"

　　嗅嗅哼哧哼哧地闻了半天，但再也闻
不到一点臭味了。

　　"接下来，我们该往哪里走？"

　　五兄妹望着前方的大河有点不知所措。

"嘘！安静点！你们听到声音了吗？"

听觉灵敏的听听将手掌贴到耳边说道。

"什么声音？我只听到河水流淌的声音和鸟叫声。"

"不，有人在喊救命。"

听听顺着声音传来的方向走了过去。

"我好像也听到了。"

大家连忙跟在听听身后，这时他们也听到了呼救声。

听小骨　听神经

耳廓

外耳道

鼓膜

耳蜗

我们可以通过耳朵听到声音。我们称听到声音的感觉为"听觉"。如果将手掌贴到耳边，听到的声音会更加清晰。当声音进入外耳道，就会引起鼓膜振动，然后传递到由3块小骨头组成的听小骨；当这个振动传递到耳蜗，与耳蜗连在一起的听神经就会将这个信号传递到大脑，于是我们就知道自己听到了什么。

　　他们一直顺着呼救声的方向走，结果在树林里发现了
一个玻璃瓶。

　　"请你们救救我。救了我，我一定会报答你们的。"
　　被困在玻璃瓶中的小精灵哀求道。

　　"我们也很想帮你，但我们还有更重要的事情要做。我
们要去解救被怪物抓走的村民。"

　　"怪物？你们说的不会是坏脾气怪物吧？如果你们放我
出来，我就告诉你们它住在哪里。"

原来，小精灵是坏脾气怪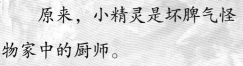
物家中的厨师。

但是坏脾气怪物整天抱怨
它做的食物不好吃，于是就将
它关进瓶子里，扔到了树林中。

"我们该如何救你？"

五兄妹问道。

"树林里有很多果子。你们
摘下一颗甜味的果子放入瓶子
里，我就可以出来了。"

小精灵泪眼汪汪地说道。

"不用担心，我会为你找来甜味的果子。"

擅长辨别味道的味味保证道。

味味品尝了很多果子。

她尝了尝红色的果子。

"唉哟，牙都要酸掉了！"

她尝了尝绿色的果子。

"呸呸！这个果子味道好苦！"

最后，她尝了黄色的果子。

"好甜，好甜！我终于找到甜

果子了。

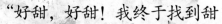

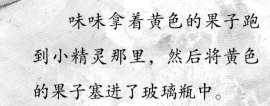

味味拿着黄色的果子跑到小精灵那里，然后将黄色的果子塞进了玻璃瓶中。

味蕾 - - - - - - •

舌头的工作是辨别味道。我们称辨别味道的感觉为"味觉"。

舌头上长着许多小突起，而每个小突起里面藏有味蕾。味蕾上有感受各种味道的味觉细胞。味觉细胞感受出来的信号通过神经传递到大脑，我们就可以辨别出口中的食物是什么味道了。

嘭！

玻璃瓶一下子消失不见，小精灵终于摆脱了困境。

"谢谢你们。按照约定，我会告诉你们坏脾气怪物的家在哪里。看到那块岩石旁边的洞穴了吗？那里就是坏脾气怪物的家。另外，我再告诉你们一个秘密！那个洞穴外面有一个大坛子。大坛子里面有很多小球。你们从大坛子里挑出装有热水的小球，再扔到坏脾气怪物的身上就可以打败它。"

小精灵指着远处的洞穴说。

"谢谢你。我们终于可以解救那些村民了。"

五兄妹按照小精灵的提示来到了洞穴边上。

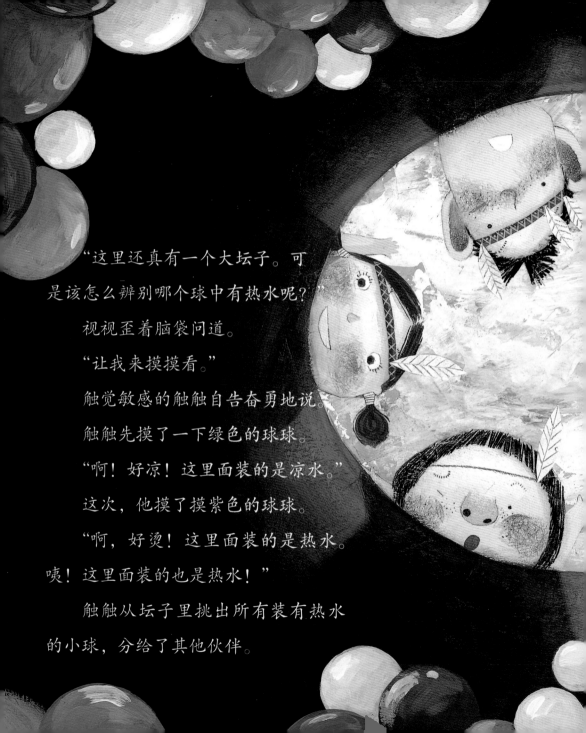

"这里还真有一个大坛子。可是该怎么辨别哪个球中有热水呢？"

视视歪着脑袋问道。

"让我来摸摸看。"

触觉敏感的触触自告奋勇地说。

触触先摸了一下绿色的球球。

"啊！好凉！这里面装的是凉水。"

这次，他摸了摸紫色的球球。

"啊，好烫！这里面装的是热水。唉！这里面装的也是热水！"

触触从坛子里挑出所有装有热水的小球，分给了其他伙伴。

毛发　疼痛　冷　强大压力
热
神经

我们的身上包裹着一层皮肤。皮肤能够感受到的感觉，我们称之为"触觉"。皮肤里遍布能够分辨出冷、热、疼等感觉的触点。人们可以通过触点辨别物体触碰到皮肤的感觉是冷，是热，还是疼痛。当这种感觉通过神经传递到大脑，我们就能感受到这次触摸。大脑可以马上分辨出触摸的程度以及触摸物的位置。

五兄妹小心翼翼地走进了洞穴里。
"这里应该就是坏脾气怪物的家了。"

"天啊，你们怎么会来到这里？快回去！这里很危险。"
村长大惊失色地喊道。

"我们必须一起回去。我们马上就解救你们。"
五兄妹为村民们解开了绑在他们身上的绳子。

这时，随着一阵"轰隆轰隆"的声响，坏脾气怪物跑了进来。

"真是不知天高地厚，居然还敢主动送上门来！既然这样，你们就乖乖地让我吃掉吧！"

坏脾气怪物伸出巨大的爪子试图抓住五兄弟。

"就是现在！快向它扔小球！"

触触喊道。

嗖！嗖！嗖！嗖！嗖！

"啊!"

小球在碰到坏脾气怪物的瞬间就碎得四分五裂。

被小球里的热水淋湿的坏脾气怪物像蜡烛一样融化了,消失得无影无踪。

就连坏脾气怪物住着的洞穴也被大火烧塌了。

"万岁！五兄妹万岁！"
村民们向五兄妹喝彩。
能够解救村民，五兄妹感
到很高兴。

# 感冒了就尝不出味道

在吃东西的时候，我们会用舌头品尝味道，同时用鼻子闻气味。用舌头感受到的味道和用鼻子闻到的气味组合在一起就形成了食物的味道。

可是如果我们感冒了，鼻子不通气会如何呢？

我们将很难准确地辨别食物的味道。

让我们用苹果和洋葱来进行一场实验吧。

我们蒙住眼睛、捏住鼻子，再依次品尝苹果和洋葱，大家就会发现苹果和洋葱的口感都很清脆，所以仅凭着舌头根本无法区分哪个是苹果，哪个是洋葱。

我们的舌头可以区分甜味、咸味、苦味及酸味。我们的鼻子却比舌头更加灵敏，可以闻到更多的味道。

正因如此，我们才会在捏住鼻子之后很难分清吃到的是苹果还是洋葱。

## 两只眼睛**和**耳朵的作用

让我们来照照镜子吧。

你会发现自己的鼻子和嘴巴只有一个，但眼睛和耳朵却是两个。

让我们来看看它们的作用。

我们先闭上一只眼睛，两手各抓一根蜡笔，然后双手张开，再缓缓地收拢，让两根蜡笔的头顶到一起。你能做到让两根蜡笔的头准确地顶到一起吗？你会发现很难做到。因为只有两只眼睛看到的情报合在一起，再传递到大脑，我们才能准确地判断出两根蜡笔的方向及它们之间的距离。

我们捂住一只耳朵，再让妈妈或朋友在身后叫自己的名字。你能判断出声音来自哪个方向吗？你会发现自己很难判断出声音来自哪个方向。因为右耳和左耳所听到的声音并不完全相同，存在一定的差异，而这种差异正是大脑判断声音方向的根据。

就像这样，两只眼睛和耳朵共同工作，才能让大脑获得更准确的情报。

世恩

收获吧，科学的果实！

**1** 村子里最擅长闻气味的是谁？

① 听听　　② 味味　　③ 嗅嗅

**2** 味味为了解救小精灵，往玻璃瓶里塞进了什么东西？

① 带酸味的红色果子　② 带甜味的黄色果子　③ 带苦味的绿色果子

**3** 阅读下面的句子，在 ▢ 里填入适当的词语。

我们在吃东西的时候，用舌头品尝味道，同时还用 ▢ 闻气味。

答案 1. ③嗅嗅　2. ②带甜味的黄色果子　3. 鼻子

No. 464
与孩子一起阅读
是最有爱的事！

福利增值

扫码免费领取
奥比编程课程

这套书中全都是生活中常见的科学故事。

从肉眼看不见的微小生物，到身体庞大的恐龙，

从小生命是如何诞生，到大自然的生态系统，

当你静下心来倾听这些有趣的故事时，

就可以见到神奇而惊人的科学原理。

好啦，让我们一起去奇妙的科学世界遨游吧！

图书在版编目（CIP）数据

亲密的五兄妹 /（韩）崔溪善著；（韩）李惠永绘；千太阳译. —— 北京：石油工业出版社，2021.5 （从小爱科学. 生物真奇妙：全9册） ISBN 978-7-5183-3934-1 Ⅰ. ①亲… Ⅱ. ①崔… ②李… ③千… Ⅲ. ①生物学—少儿读物 Ⅳ. ①Q-49
中国版本图书馆 CIP 数据核字（2020）第 168543 号

选题策划：艾 嘉 艺术统筹：艾 嘉 责任编辑：曹秋梅 李 丹 出版发行：石油工业出版社 （北京安定门外安华里2区1号 100011） 网址：www.petropub.com 编辑部：（010）64523604 团购部：（010）64219110 64523649 经销：全国新华书店 印刷：北京中石油彩色印刷有限责任公司 2021年5月第1版 2021年5月第1次印刷 710毫米×1000毫米 开本：1/16 印张：18 字数：45千字 定价：135.00元（全9册）

（如发现印装质量问题，我社图书营销中心负责调换）版权所有，翻印必究

上架建议：生物学-少儿读物

ISBN 978-7-5183-3934-1

定价：135.00元（全9册）

从小爱科学——
生物真奇妙
（全9册）

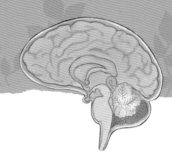

# 我们家族的外号是什么

［韩］曹永美 著
［韩］李旨冶 绘

千太阳 译

石油工业出版社